Mikroanalyse
nach der Mikro-Dennstedt-Methode

Von

Casimir Funk
Vorstand der biochemischen Abteilung, Staatliche Hygieneschule Warschau

Mit 3 Tafeln

München · Verlag von J. F. Bergmann · 1925

Copyright 1925 by J. F. Bergmann, München.

ISBN 978-3-642-98657-4   ISBN 978-3-642-99472-2 (eBook)

DOI 10.1007/ 978-3-642-99472-2

Einleitung.

Der Verfasser hat sich mit den Mikromethoden von Pregl seit dem Jahre 1913, ab und zu, beschäftigt und sie von' großer praktischer Bedeutung gefunden. Die Methoden von Pregl, wie sie zuerst im „Handbuch der Biochemischen Methoden" beschrieben worden sind, wurden bis auf den Mikro-Kjeldahl und die Bestimmung von Metallen in organischer Bindung verlassen, da sie für einen Nichtspezialisten zu umständlich waren. Im Jahre 1923, auf der Durchreise durch Graz, verweilte ich ein paar Tage im Laboratorium von Pregl, der die große Liebenswürdigkeit hatte, mir seine vorzüglichen und epochemachenden Methoden vorzeigen zu lassen. Ich möchte ihm auch hier, an dieser Stelle, meinen großen Dank dafür aussprechen. Nach dem Verlassen seines Instituts schien mir, daß ich diese Methoden nach paarmonatlicher Übung, unter Zuhilfenahme seiner Anleitung, beherrschen könnte. Diese Erwartung ließ sich leider nicht verwirklichen. Nach einem Jahre verschiedener Proben und einer Menge von Analysen, kam ich zum Schluß, daß es mir jedenfalls nicht gelingen würde, eine Verbrennung mit einiger Sicherheit auszuführen. Ich zweifle nicht daran, daß im Preglschen Laboratorium vorzügliche Analysen ausgeführt werden und habe persönlich Beweise dafür. Ich bezweifle auch nicht, daß andere Forscher gute Resultate erhalten haben. Und doch erscheint es möglich, daß die Beschreibung von Pregl nicht ausreichend ist oder daß wir einen Fehler begangen haben, der trotz mannigfaltiger Kontrollen nicht aufgedeckt werden konnte. Die Tatsache besteht, daß wir bei 70 C- und H-Bestimmungen nur etwa sieben zufriedenstellende Resultate erhalten haben, und, dies mag ein Zufall gewesen sein, daß wir bei einem unbekannten Körper 30 Analysen gemacht haben, ohne zu einer richtigen Formel zu gelangen. Bei dem Mikro-Dumas ging es uns noch schlechter. Von etwa 30 Analysen lieferte keine einzige gute Resultate. Das Gasvolum war immer zu hoch, und zwar durch Beimengung eines fremden Gases, das sich auch aus N-freien Körpern, wie Saccharose entwickelte. In Angesicht dieser Resultate blieb uns nichts anderes übrig, als die Methoden entsprechend zu modifizieren. Die Modifikationen am Mikro-Dumas und Mikro-Kjeldahl waren nur gering, aber zielentsprechend, während die C- und H-Bestimmung eine Neubearbeitung erfahren hat. Andere Methoden von Pregl lieferten auch in unseren Händen gute Resultate und wir verweisen daher den Leser auf seine Anleitung zur Mikroanalyse[1].

Die C- und H-Bestimmung wurde auf Grund einer Woche dauernder Versuche ausgearbeitet und ist in der jetzigen Form viel einfacher und sicherer als der Mikro-Dumas. Nach einem Jahre experimenteller Schwierigkeiten ist es jetzt für uns ein Vergnügen, Substanzen zu verbrennen und ich publiziere diese Methode nicht etwa aus persönlichen Gründen, sondern weil ich es als eine Pflicht empfinde, so zu versuchen die Schwierigkeiten anderer Analytiker beheben zu helfen.

Die Zeichnungen sind von Herrn Stanislaus Lobodziński in unserem Institut angefertigt worden, wofür ich ihm meinen besten Dank aussprechen möchte.

---

[1] Fritz Pregl: Die quantitative organische Mikroanalyse. Berlin, Verlag von Julius Springer, 1923.

Die Kohlenstoff-Wasserstoff-Bestimmung[1]

Die von mir verwandte Methode unterscheidet sich kaum von der Methode von Dennstedt[2], ist nur den kleinen Substanzmengen angepaßt.

Die Apparatur.

Die allgemeine Einrichtung kann aus der schematischen Zeichnung (Taf. I) ersehen werden. In Einzelheiten ist die Apparatur[3] wie folgt. Zuerst ein Verbrennungsofen, wie bei Dennstedt, mit einer kantigen Eisenschiene von 43 cm Länge (auf der Zeichnung ist die Schiene weggelassen, um den Inhalt der Verbrennungsröhre besser zu zeigen). Drei Brenner werden gebraucht, nämlich als Vergasungsflamme ein kleiner Teklubrenner (A) mit Schornstein, unter dem Pt-Kontaktstern Dennstedts Brenner (B) mit Schwalbe und endlich ein Röhrenbrenner (C) nach Dennstedt mit einem Flammenrohr von 16 cm Länge. Zwei kleine Drahtnetztunnels (D_1—D_2) von 6 cm Länge werden zum Bedecken des Kontakts und zum Bedecken der Substanz nach der Verkohlung benutzt. Sauerstoffbehälter (der in der Zeichnung weggelassen ist) und Trockenturm (E), wie bei Dennstedt. Der Trockenturm enthält im unteren Teil konzentrierte Schwefelsäure, im oberen Teil dagegen Natronkalk von Chlorkalk überdeckt. Von diesem Trockenapparat geht der Sauerstoff in die doppelte Sauerstoffzufuhr (F) von Dennstedt. Dieser Apparat kann entweder komplett mit Schliffen bezogen werden, oder auch selbst verfertigt

---

[1] Nach den Versuchen von Funk und Kon. Journ. Chem. Soc. 127, 1754, 1925.

[2] Prof. Dr. M. Dennstedt: Anleitung zur vereinfachten Elementaranalyse. Hamburg, Otto Meißners Verlag. 1919.

[3] Die Apparatur kann von Paul Haack, Wien IX/3, Garelligasse 4 bezogen werden.

(mit Quetschhähnen) werden. Der innere Gasstrom geht durch einen kleinen Blasenzähler (G) mit Schwefelsäure [Durchmesser dieses Blasenzählers wie auch des am Ende des Apparates (H) muß klein sein und beide müssen dasselbe Lumen haben wie das Eintauchrohr im Trockenturm]. Der äußere O-Strom geht durch ein Kalziumchloridröhrchen (I). Das Verbrennungsrohr von 49 cm Länge und 12 mm Querschnitt wird aus Jena-, Pyrex- oder Quarz-Glas verfertigt und ist an einem Ende mit einem Schnabel von 3 mm äußerem Durchmesser versehen. Der Schnabel wird nicht ausgezogen, sondern die Kapillare angeschmolzen. Wir haben es nicht versucht, aber es ist wahrscheinlich, daß ein doppelseitig offenes Rohr oder ein mit einem eingeschliffenen Schnabel ausgestattetes gebraucht werden kann. Für ein Rohr mit eingeschliffenem Schnabel konnte ich mich nicht entscheiden. Ein offenes Rohr aber besitzt folgende Vor- und Nachteile. Ein beiderseitig offenes Rohr erlaubt eine gleichzeitige bequeme Halogenanalyse, dagegen erschwert der zweite Gummistopfen das Wasseraustreiben. Von dem T-Rohr (I) der doppelten Sauerstoffzufuhr, ragt ein Innenrohr in das Verbrennungsrohr hinein. Das Innenrohr ist aus schwer schmelzbarem Glas und besteht aus einer Kapillare von 15—17 cm Länge, an welche ein etwas weiteres Rohr von 6,5—7 cm Länge und 9—10 mm äußeren Durchschnitt angeschmolzen ist. In dieses letztere Rohr soll das Pt-Schiffchen sowie der sog. Diffusionsstopfen (L) aus schwer schmelzbarem Glas mit einer Öse, an welcher sich kontaktwärts ein Pt-Büschel befindet, hineinpassen. Der Pt-Kontaktstern (M) ist aus dünnem Blech verfertigt und soll eine Länge von 6 cm besitzen. Für N, Halogen und S-freie Substanzen ist dies die ganze Rohrfüllung.

Absorptionsschiffchen.

In Fällen von N, Halogen oder schwefelhaltigen Substanzen werden drei gewöhnliche Porzellanschiffchen (N_1—N_3) von 6,5 cm Länge und 6 mm Durchmesser, die in folgender Weise beschickt sind, verwendet. Zunächst dem Kontakt kommt das Schiffchen mit molekularem Silber (N_1) für Absorption der Halogene. Das molekulare Ag kann man leicht aus Silbernitrat durch Fällung mit HCl, Zentrifugieren und Auswaschen

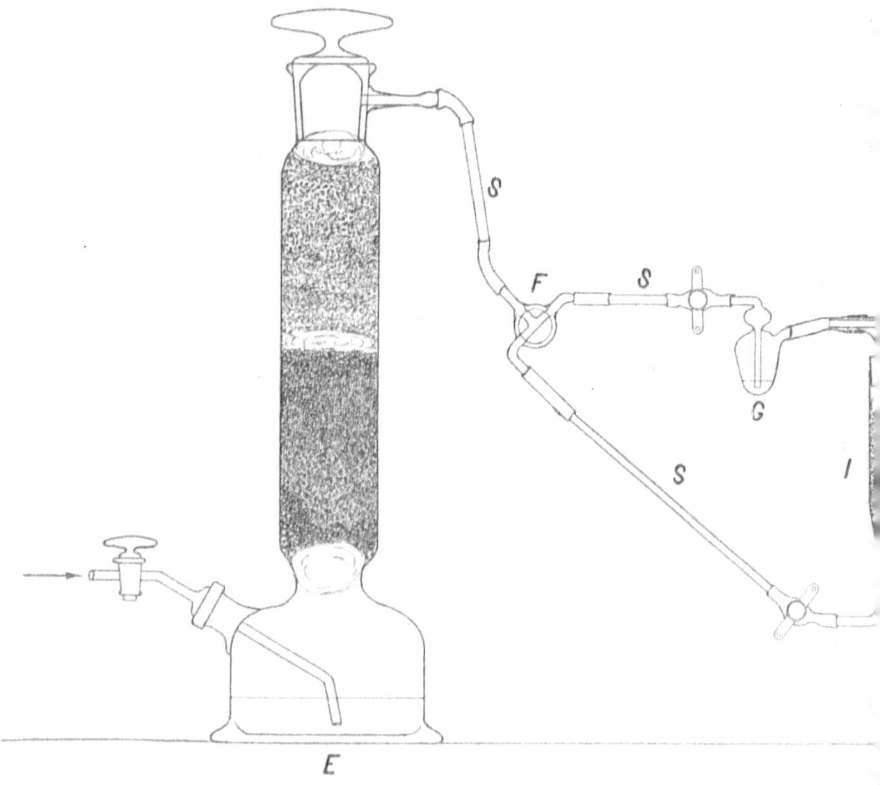

Funk, Mikroanalyse.

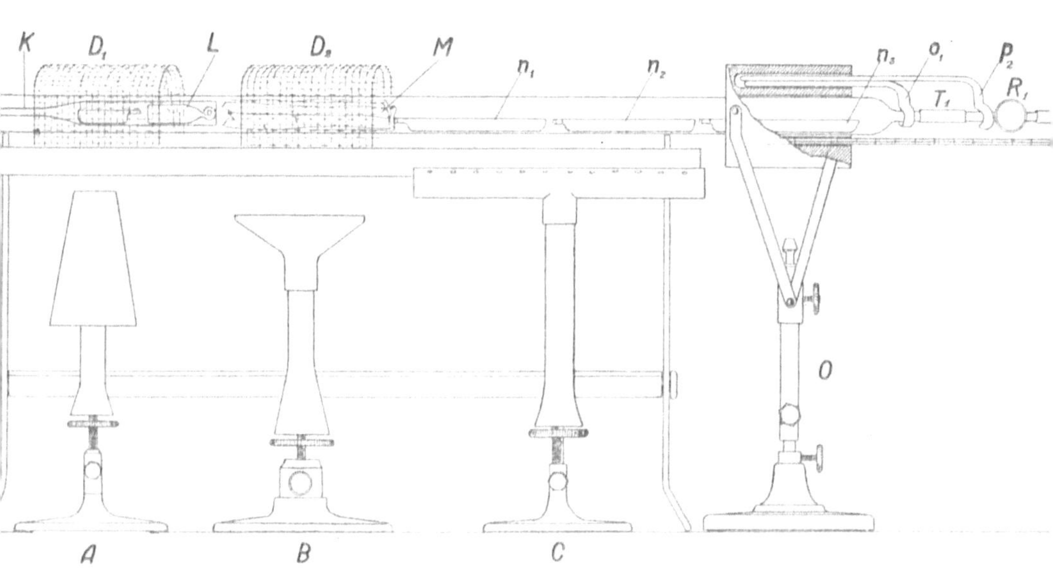

K
D₁
L
D₂
M
n₁
n₂
n₃
o₁
p₂
T₁
R₁
O
A
B
C

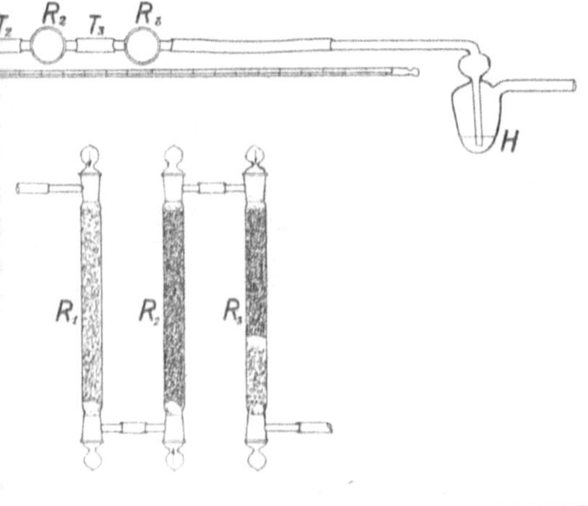

Verlag von J. F. Bergmann, München.

bis zur neutralen Reaktion, Anrühren zu einem Brei mit verdünntem HCl und Umsatz mit einer Zn-Stange erhalten. Wenn die Umwandlung vollständig ist, wird das Silber mit verdünnter Salzsäure paarmal erwärmt, sorgfältig ausgewaschen und getrocknet. Die zwei anderen Schiffchen (N_2, N_3) werden mit mennigehaltigem PbO_2 beschickt, das aus PbO_2 durch Erwärmen in einem Tiegel bis zu ziegelroter Farbe und Vermischen mit der 20fachen Menge PbO_2 erhalten wird. Der Brenner unter diesen letzten Schiffchen wird mit einem Thermometer im Inneren des Rohres so eingestellt, daß die Temperatur etwa 320° beträgt. Eine solche Beschickung der Verbrennungsröhre ist eine Universalfüllung und für jede Art Substanz geeignet.

Wasseraustreibungsblock (O).

Der äußere hintere Teil des Rohres, der über das Gestell hinausragt, befindet sich im Inneren eines Messingblockes, der mit einer Mikroflamme auf 150—180° erwärmt wird. Der Block besitzt eine Thermometerbohrung und zwei Metallbügel (P_1—P_2), die zum Ausjagen des Wassers dienen.

Absorptionsröhrchen.

Es werden drei benutzt, die nach dem Modell von Blumer-Dubsky[1] angefertigt sind. Die Absorptionsröhrchen haben eine Länge von 17,5 cm, 11 mm äußeren Durchmesser und wiegen gefüllt 15—17 g. Sie reichen mindestens für 25—30 Analysen, das Chlorkalziumröhrchen bedeutend länger. Das dritte Röhrchen dient zur Kontrolle, um zu zeigen ob das zweite Röhrchen noch absorptionsfähig ist. Die Röhrchen werden zuerst auf Dichtigkeit der Schliffe durch Schütteln mit Äther geprüft und in folgender Weise gefüllt. Das Chlorkalziumröhrchen (R_1) wird mit zwei kleinen Wattebäuschchen an beiden Seitenröhren ausgestattet, damit sie vor Chlorkalziumstaub geschützt bleiben; dies gilt überhaupt für alle Absorptionsapparate. Das eine Ende wird mit einem Wattebausch bis zum

---

[1] Blumer-Dubsky in J. Houben-Weyl: „Die Methoden der organischen Chemie." S. 150. Leipzig, Verlag Georg Thieme, 1921.

Schliff gestopft und das Rohr von der anderen Seite mit fein-
körnigem Chlorkalziumstücken gefüllt, gefolgt von einem Watte-
bausch. Die kleinen Wattebäuschchen werden entfernt, die
Schliffe gut eingefettet und das Rohr mit CO_2 gesättigt. Der
Gasstrom darf die Absorptionsröhren immer nur in derselben
Richtung passieren, weswegen an einem der Glasstopfen jedes
Apparates die Stromrichtung (Pfeil) eingeritzt wird. Das zweite
Röhrchen (R_2) wird mit feinkörnigem Natronkalk gefüllt, der
den richtigen Feuchtigkeitsgrad besitzen muß, da sonst CO_2
nicht gut absorbiert wird. (Sehr wichtig!) Das dritte
Röhrchen (R_3) wird in der Richtung des Stromes $^2/_3$ mit
Natronkalk und $^1/_3$ mit Kalziumchlorid, mit Wattebäuschchen
zwischen beiden, gefüllt. Der endständige Blasenzähler (H)
wird mit 2—3 Tropfen Schwefelsäure gefüllt.

Der Gang der Analyse.

Die Substanz, wenn sie unbekannt ist, muß unbedingt
auf Feuchtigkeit, eventuell Kristallwasser und Asche geprüft
werden. Es ist gut, jedesmal die Substanz vor der Analyse
im Preglschen heizbaren Mikroexsikkator zu trocknen. Von
der Substanz wird je nach dem C-Gehalt 5—10 mg auf der
Mikrowage abgewogen. Kleinere Mengen sollen kaum ver-
wandt werden, weil die Wägungen dann zu große Fehler
verursachen können. Werden 15—20 mg verwendet, so kann
wahrscheinlich eine gewöhnliche gute analytische Wage an-
gewandt werden. Bei hygroskopischen Substanzen müssen
die gewöhnlichen Maßregeln beachtet werden.

Vorbereitung des Rohres.

Ein neues Rohr wird im Sauerstoffstrome $1^1/_2$ Stunden
ausgeglüht, während das Rohr mit einem Chlorkalziumröhrchen
verschlossen ist. Nun werden die Absorptionsröhrchen mit
dem Blasenzähler angeschlossen, die dann mit Sauerstoff gefüllt werden. Zu gleicher Zeit prüft man die ganze Apparatur
auf Dichtigkeit, indem der letzte Glasstopfen geschlossen wird.
Hört der vollständig geöffnete Sauerstoffstrom auf, so sind
die Apparate dicht. Bei einer neuen Röhre oder wenn die-
selbe lange nicht in Gebrauch war, schreitet man zu einem

blinden Versuch. Der gewöhnlich benutzte langsame O-Strom wird eine Stunde durch die Absorptionsröhrchen geleitet. Ist die Apparatur in Ordnung, so vergrößert sich das Gewicht des ersten Röhrchens um ungefähr 0—0,2 mg, das zweite Röhrchen verliert $^1/_{10}$ mg, während das dritte Röhrchen um etwa denselben Betrag zunimmt.

Behandlung der Absorptionsapparate.

Vor dem blinden Versuch werden die Schliffe von ausgepreßtem Fett sorgfältig gereinigt und dann die Schliffe während des Verbrennungstages nicht mehr berührt. Die Hände des Experimentators müssen gut gereinigt werden. Jedes Röhrchen wird zuerst mit einem feuchten Flanelläppchen, dann zweimal mit Rehleder abgerieben, während das Röhrchen selbst mit einem Rehlederstückchen gehalten wird. Zum Abwischen muß man zwei Rehlederstücke nacheinander benutzen, da das erste feucht wird. Nach dem Abwischen zeigen die Apparate eine große Gewichtskonstanz, wie der folgende Versuch lehrt:

I. Rohr abgewischt und gewogen 14,295428 Wieder abgewischt 14,295424
II. „   „   „   „   16,854978   „   „   16,854986
III. „   „   „   „   15,273780   „   „   15,273758

Nach dem Abwischen müssen die Röhrchen 20 Minuten die Temperatur des Wägezimmers annehmen. Die Seitenröhrchen müssen jedesmal vor der Wägung mit einem an Draht befestigtem Wattebausch gereinigt werden. Am Anfang jedes Analysentages müssen die Röhrchen frisch mit Sauerstoff gefüllt werden, da das Gas herausdiffundiert.

Eigentliche Verbrennung.

Eine gute Analyse kann nur dann erhalten werden, wenn entweder der blinde Versuch oder die vorangehende Verbrennung tadellos ausfiel. Während die Substanz und Absorptionsapparate gewogen werden, wird nur das Flammenrohr brennen gelassen. Die Röhrchen werden mit Hilfe von drei Stücken (T_1—T_3) von engem Vakuumschlauch[1] angeschlossen und der endständige Blasenzähler befestigt.

---

[1] Verbindungsschläuche. Der Gummikork am Rohr muß tadellos sein. Die Verbindungsstücke an Absorptionsapparaten aus Vakuumschlauch

Das Innenrohr wird rasch aus der Röhre entfernt, der Diffusionsstopfen herausgenommen und auf einen Kupferblock gelegt, das Schiffchen mit der Substanz eingeführt, gefolgt von dem Diffusionsstopfen. Nun wird der O-Strom reguliert, und zwar der äußere so, daß die Substanz, wenn flüchtig, nicht nach rückwärts gehen kann und der innere Strom zuerst ganz langsam geleitet wird. Die Regulierung wird so vorgenommen, daß nach Schließung des inneren Stromes der äußere die Geschwindigkeit von einer Bläse in der Sekunde hat. Dann wird der innere Strom etwas geöffnet und seine Geschwindigkeit im vorderen Blasenzähler beobachtet. Nach der Regulierung wird die Flamme unter dem Kontakt angezündet. Befindet er sich in Rotglut, so kann mit der Verbrennung begonnen werden. Die Vergasungsflamme wird in der Nähe der Substanz angezündet und die Vergasung je nach der Flüchtigkeit der Substanz geleitet. Bei sehr flüchtigen Substanzen muß man die Substanz nur sehr langsam zum Kontakt bringen. Ist die Substanz verkohlt, was bei den meisten geschieht, so wird der innere O-Strom entsprechend vergrößert und durch Auflegen des Tunnels die Temperatur gesteigert. Ist jede Spur von Kohle verbrannt, so schreitet man weiter bis zum Kontakt. Bis zu diesem Stadium dauert die Verbrennung 20—30 Minuten. Nun beginnt man mit der Wasseraustreibung. Der hintere Teil der Röhre, der im auf 150° erhitzten Messingblock steckt, sammelt Wasser oft schon im Schnabel; sowie er mit dem ersten erhitzten Metallbügel bedeckt ist, schreitet das Wasser weiter bis zum Eingang des Chlorkalziumrohrs, wohin ein zweiter Metallbügel gelegt wird. Nach Aufheben des letzteren sieht man wieder die Feuchtigkeit und das Auflegen und Abnehmen

---

werden im flüssigen Paraffin oder in Rohvaselin im Vakuum erwärmt, bis die Gasentwickelung spärlich wird. Sie werden sorgfältig ausgewischt und im Exsikkator aufbewahrt. Vor dem Zusammenstellen der Apparate werden sie mit einer Spur von Glyzerin angefeuchtet und wieder abgewischt. Die Sauerstoffzuleitung (S) soll möglichst aus dünnen Bleiröhren bestehen, nur mit kurzen Gummischläuchen verbunden. Die Gummischläuche werden künstlich gealtert, indem sie unter Luftdurchsaugen auf 110° erwärmt werden. Die Bleiröhren sollen sorgfältig gewaschen und getrocknet werden.

des Bügels wird so lange fortgesetzt, bis sich keine Spur von Wasser mehr sammelt. Dieser letzte Teil der Prozedur dauert auch etwa 30 Minuten. Dann werden die Absorptionsapparate durch Umdrehen der Hähne geschlossen. Die Röhrchen werden abgewischt und im Wägezimmer 20 Minuten aufbewahrt. Die ganze Prozedur ist so einfach und braucht so wenig Beaufsichtigung, daß gleichzeitig eine zweite Verbrennung durchgeführt werden kann. Bei schwer verbrennbaren Substanzen sind überhaupt keine Schwierigkeiten vorhanden, bei flüchtigen Substanzen muß man die Vergasung äußerst langsam vornehmen und auf den O-Strom aufpassen. Stockt die O-Zufuhr, so gibt es einen Rückstoß in den vorderen Teil der Röhre und die Analyse ist verloren. Ist das Absorptionsröhrchen mit Natronkalk (R_2) durch Feuchtigkeitsverlust zu trocken geworden, dann bekommt man zu niedrige Analysenzahlen und der Natronkalk soll am besten neu gefüllt werden. Was die Absorptionsschiffchen anbelangt, so wird das Silber gewechselt, wenn es fast ganz eine weiße Farbe angenommen hat. Bei dieser Methode muß aufgepaßt werden, daß der Platinkontakt nicht mit Metallen wie Blei und anderen in Berührung kommt, sonst wird er vergiftet. Andere Katalysatoren wie Ceriumoxyd haben wir nicht ausprobiert, sie mögen wohl aber zweckmäßig sein. Die ganze Methode ist einfach, zuverlässig und in einer Woche zu erlernen, besonders für denjenigen, der mit der Dennstedtschen Methode vertraut ist. Ja, man kann sogar behaupten, daß die Mikromodifikation der Makromethode überlegen ist.

Einige Beleganalysen:

Mannit				
(Ber. 39,5, 7,7 %)	8,171 mg	11,865 mg CO_2,	5,512 mg H_2O	Gef. 39,6, 7,6 %
Cholesterin				
(83,9, 12,0)	5,733	17,668	6,143	84,0, 12,0 „
Benzoesäure				
(68,8, 4,9)	7,055	17,755	3,078	68,6, 4,9 „
Tyrosin				
(59,6, 6,1)	9,271	20,244	5,076	59,5, 6,1 „
Azetanilid				
(71,1, 6,7)	9,182	23,993	5,501	71,3 6,7 „
Methylrot				
(66,9, 5,6)	7,393	18,205	3,821	67,1 5,8 „

Benzoin
(79,2, 5,7)   7,927 mg 23,075 mg CO_2, 4,177 mg H_2O Gef. 79,4 5,9 %

Sulfanilsäure
(41,6, 4,1)   9,408   14,424   3,58   41,8 4,2 „

β-Naphthalinsulfo-
chlorid (53,0, 3,3) 9,04   17,463   2,578   52,7 3,2 „

Glykokollester-
chlorhydrat
(34,4, 7,2)   9,353   11,852   5,92   34,6 7,1 „

Imidazolpikrat
(36,4, 2,4)   9,766   13,036   1,978   36,4 2,3 „

Die Bestimmung des Stickstoffs nach der Mikro-Dumas Methode.

Die Preglsche Methode unterscheidet sich von der gewöhnlichen Makrobestimmung dadurch, daß das zum metallischen Kupfer reduzierte Kupferoxyd, das durch Erhitzen im Wasserstrome im Rohr bereitet wird, sich nicht am Ende des Rohres befindet, sondern im letzten Drittel des stark erhitzten Teiles des Rohres. Die zweite Modifikation beruht darauf, daß die Kohlensäure, die aus einem besonders eingerichteten Kippschen Apparat gewonnen wird, während der eigentlichen Verbrennung abgestellt wird. Als wir nun die Preglsche Versuchweise anwandten, waren die erhaltenen Gasmengen stets viel zu hoch. Auch ließ sich keine Korrektur anwenden, da die Zahlen nicht konstant ausfielen. Bei der Versuchsanordnung von Dubsky[1] dagegen, in welcher sich eine reduzierte Cu-Spirale am Ende des Rohres befand und die Kohlensäure aus einer Bikarbonatröhre während der ganzen Verbrennung etwas Gas hindurchließ, wurden gleich vom Anfang die richtigen Analysenzahlen erhalten. Bei der Methode von Pregl gibt auch reine Saccharose erhebliche Gasmengen, durch Dissoziation von CO_2 oder noch eher durch Dissoziation von CuO, wobei der Sauerstoff von dem reduzierten Kupfer nicht mehr gebunden werden kann. Wird die Kohlensäure nicht konstant hindurchgelassen, so entsteht oft negativer Druck, der wahrscheinlich etwas von der äußeren Luft in das Rohr hineindiffundieren läßt.

---

[1] Dr. J. V. Dubsky: Vereinfachte quantitative Mikroelementaranalyse organischer Substanzen. Verlag von Veit & Co. in Leipzig.

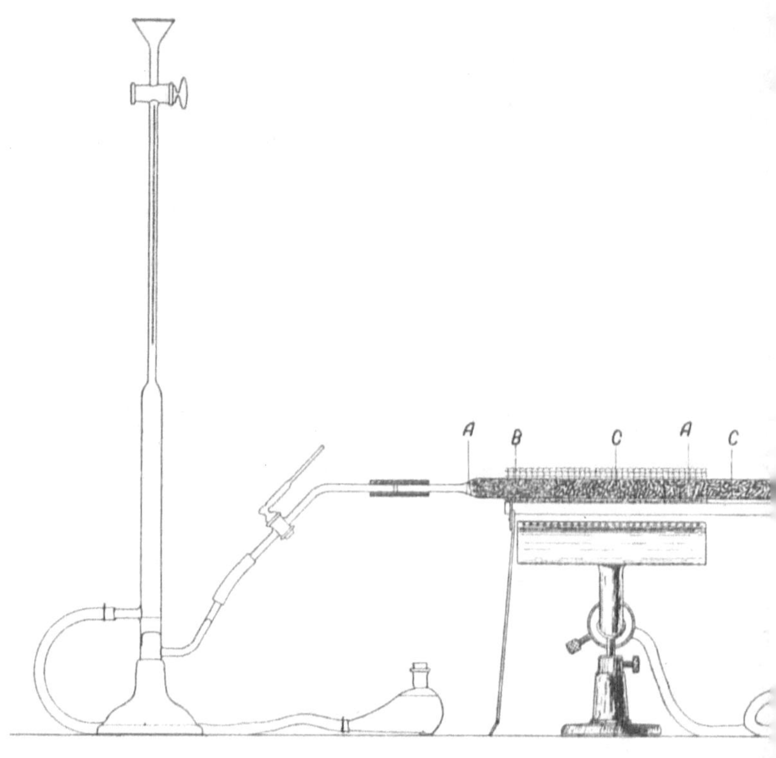

Funk, Mikroanalyse.

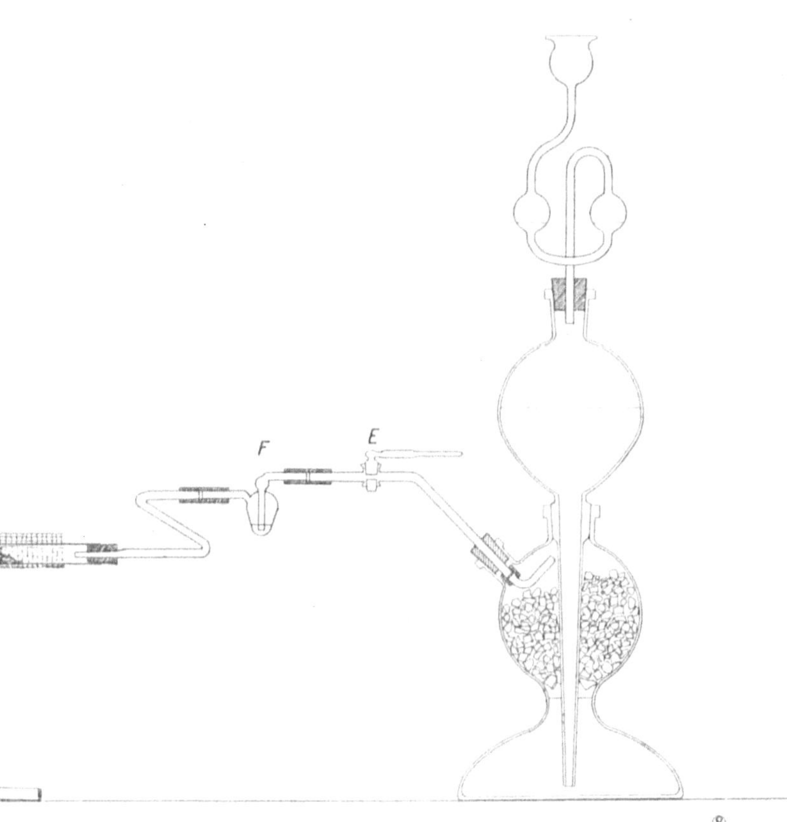

Verlag von J. F. Bergmann. München.

Unsere Anordnung kombiniert daher die Vorzüge beider Methoden und stellt sich folgendermaßen dar (Taf. II): Ein Verbrennungsrohr von Pregl, sog. Schnabelrohr, von 43 cm Länge, wird vom Schnabel aus zuerst mit mäßig zusammengedrückten Asbestbäuschchen (A), dann mit drahtförmigem Kupferoxyd in einer Länge von 130 mm beschickt. Darauf folgt wieder Asbest (A). Dies ist die Dauerfüllung. Vom Schnabel aus wird diese Füllung in einer Länge von 5 cm im Wasserstoffstrome durch Erhitzen reduziert (B) und im H-Strome erkalten gelassen, dann sofort unter CO_2-Druck mit dem Kippschen Apparat verbunden. Der Wasserstoff wird aus Zink und verdünnter Schwefelsäure im Kippschen Apparat gewonnen und mit einer sauren Kaliumpermanganatlösung gewaschen. Die Reduktion wird durch Verschieben der erhitzten Drahtnetzrolle reguliert. Für die Verbrennung folgt auf die Dauerfüllung eine Schicht von 90—100 mm drahtförmigen Kupferoxyd (C), das ausgeglüht und in einer gut verschlossenen Flasche aufbewahrt wird. Darauf folgt eine Schicht von 1 cm ebenso behandelten feinem Kupferoxyd (D), dann folgt die Substanz, die in einem kleinen Röhrchen abgewogen und dann in einem Mischröhrchen mit feinem CuO gemischt und paarmal damit ausgewaschen wird. Die Füllung erfolgt durch einen Trichter, den man sich selbst aus einem Reagenzglas verfertigen kann. Dann folgt wieder grobes Kupferoxyd in einer Länge von 5—6 cm. Im feinen Kupferoxyd muß vor der eigentlichen Verbrennung durch Klopfen eine Rinne erzeugt werden.

Einrichtung des Kippschen Apparates.

Der Apparat muß gute Schliffe haben und ein Auslaßrohr, das im Inneren des Apparates nach oben gebogen ist. Der mittlere Teil soll fast ganz mit Marmor gefüllt werden und durch Einwerfen von kleinen Marmorstücken in den oberen Trichter, muß dafür gesorgt werden, daß der Apparat vollständig luftfrei wird. Zur Prüfung auf Luftfreiheit wird der Kippsche Apparat mit dem Mikroazotometer in Verbindung gesetzt und die Vorbereitung des Apparates so lange fortgesetzt, bis nur Mikroblasen, die keine Volumänderung erzeugen, entstehen.

Mikroazotometer und seine Füllung.

Das Mikroazotometer, das gewöhnlich mit der Ausstattung geliefert wird, ist vollständig zweckentsprechend. Zur Füllung dient reine KOH in Stangen, von der eine 50%ige Lösung bereitet wird und zu welcher 2,5% Bariumhydroxyd (berechnet auf feste Kalilauge) zugesetzt wird. Die Lösung wird durch Asbest filtriert und erzeugt keinen Schaum (Pregl).

Der Gang der Verbrennung.

Das gefüllte Verbrennungsrohr wird mit dem Kippschen Apparat, andererseits schnabelwärts mit dem Mikroazotometer in Verbindung gesetzt. Durch Öffnen des Mikrohahnes (E) am Kippschen Apparat, bei heruntergelassener Kalilauge, wird ein ziemlich starker Gasstrom durch die Röhre gesandt. Nach ein paar Minuten, wird das Azotometer bis zum oberen Hahn mit KOH gefüllt, während gleichzeitig der Strom, der durch den Blasenzähler (F) kontrolliert wird, sehr eingeschränkt wird. Wenn die Blasen sehr gering werden, schreitet man zur eigentlichen Verbrennung. Nach nochmaliger Füllung des Azotometers wird der Gasstrom so eingestellt, daß eine Blase in einer Sekunde im Azotometer aufsteigt. Es muß darauf geachtet werden, daß nie ein negativer Druck entsteht. Während des Luftausjagens wird der Langbrenner unter dem groben Kupferoxyd angezündet. Die Hälfte des reduzierten Kupfers soll über die Flamme herausragen, damit ein richtiges Temperaturgefälle entsteht. Jetzt wird eine kleine Vergasungsflamme unter dem äußersten Ende der Substanz angebracht und mit der Flamme nur dann fortgerückt, wenn die Gasgeschwindigkeit auf die Anfangsgröße absinkt. Ist man bis zum Langbrenner angelangt, so steigert man die Gasgeschwindigkeit auf das Doppelte und brennt das Rohr noch einmal aus. Werden wieder Mikroblasen erreicht, so ist die Analyse zu Ende. Bei schwer verbrennbaren Substanzen muß man die Substanz mit einer Messerspitze Kaliumchlorat im Mischröhrchen mischen. Das Azotometer wird vom Apparat abgetrennt, die Röhre sofort verschlossen und unter CO_2-Druck stehen gelassen. Nach ½stündigem Aufenthalt im Wägezimmer wird unter Barometerkontrolle das Stickstoffvolum mit der Lupe abgelesen und von dem Volum 2% zur Korrektur abgezogen.

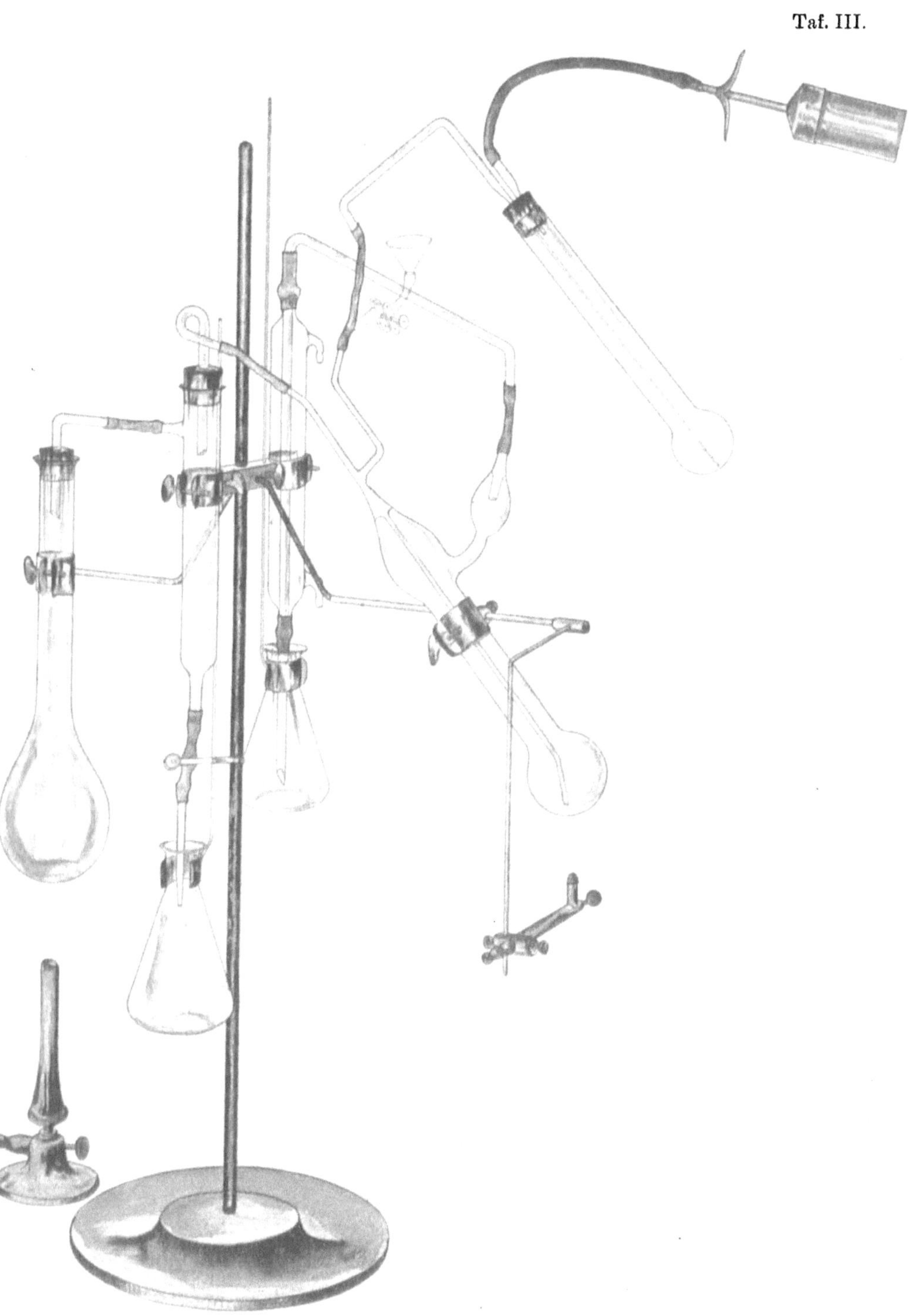

Verlag von J. F. Bergmann, München.

Einige Beleganalysen:
1. Preglsche Methode.
Saccharose 6,203 mg. Gasmenge 0,093 ccm
Tyrosin (Ber. 7,7 %)   9,46 mg   0,75 ccm (767,2, 21)   9,1 %
                            8,176   0,671   (760,0, 20)   9,4 „
Methylamid der Imidazolkarbonsäure (Ber. 33,6 %)
                            3,843 mg   1,16 ccm (767,7, 21)   34,7 %
                            4,086   1,33   (775,3, 18,5)   38,1 „
    2. Methode von Dubsky.
Azetanilid   9,774 mg   0,9   ccm (753,   23)   10,3 %
                            7,593   0,727   (755,   22)   10,7 „
    3. Modifikationsproben der Preglschen Methode[1]:
Azetanilid (Ber. 10,4 %) 3,442 mg gab 0,355 ccm (755,   23) Gef. 11,5 %
                            6,878   0,78   (750,   20)   12,8 „
                            5,668   0,6   (750,   20)   11,9 „
    Durchleitung von CO_2 während der Verbrennung (Resultate etwas
besser).
Leucin (Ber. 10,7)   3,394 mg   0,350   (755,   23)   11,5 %
    4. Unsere Modifikation.
Azetanilid   2,967 mg   0,284 ccm (760,   23,5)   10,7 %
                            7,214   0,672   (760,   24)   10,5 „
                            5,395   0,502   (745,   20)   10,4 „
Methylamid der Imidazolkarbonsäure (Ber. 33,6 %)
                            4,676 mg   1,383 ccm (751,   20)   33,4 %

Die Bestimmung von Stickstoff nach der Methode von Mikro-Kjeldahl.

Die einzige Modifikation, die eingeführt wurde, ist eine
bessere Überführung der Digestionsflüssigkeit in den Destillationskolben. Diese Überführung wird so gemacht, daß der
Digestionskolben mit einem zweifach durchbohrten Gummistopfen ausgestattet wird, welcher eine Kapillare bis zum Boden
des Kölbchens und ein kurzes Rohr trägt, das mit einer kleinen
Handpumpe verbunden wird (s. Abb. 3). Das Kapillarrohr
endet in ein etwas weiteres Rohr, das mit Hilfe von Gummi-
rohr mit dem Destillationskolben verbunden wird. Der Inhalt
wird übergeführt und der Digestionskolben 3—4 mal mit Wasser
ausgewaschen. Dann wird in üblicher Weise die Kalilauge durch
einen kleinen Trichter in den Digestionskolben eingeführt. Wir
glauben, daß unsere Arbeitsweise von Vorteil ist.

---

[1] Beim Vorlegen von reduziertem Kupfer ohne Durchleitung von
CO_2 wurden sehr schlechte Resultate erhalten.

GPSR Compliance
The European Union's (EU) General Product Safety Regulation (GPSR) is a set
of rules that requires consumer products to be safe and our obligations to
ensure this.

If you have any concerns about our products, you can contact us on

ProductSafety@springernature.com

In case Publisher is established outside the EU, the EU authorized
representative is:

Springer Nature Customer Service Center GmbH
Europaplatz 3
69115 Heidelberg, Germany